丛书主编 肖 叶

VR恐龙世界

小冰脊龙拜师之路

编 著 张柏赫

中央广播电视大学出版社
·北京·

图书在版编目（CIP）数据

小冰脊龙拜师之路 / 张柏赫编著. -- 北京：中央广播电视大学出版社，2017.5
（VR恐龙世界）
ISBN 978-7-304-08556-8

Ⅰ. ①小… Ⅱ. ①张… Ⅲ. ①恐龙—儿童读物 Ⅳ. ①Q915.864-49

中国版本图书馆CIP数据核字(2017)第075752号

版权所有，翻印必究。

丛书主编：肖　叶
编　　著：张柏赫
科学顾问：江　泓
VR设计：明洋卓安

VR KONGLONG SHIJIE
VR恐龙世界
XIAO BINGJILONG BAISHI ZHI LU
小冰脊龙拜师之路

策划编辑：青青草
责任编辑：雷美琴
执行编辑：齐小苗
责任印制：胡天蓉
出　　版：中央广播电视大学出版社
电　　话：营销中心 010-66490582　总编室 010-66490570
网　　址：http://www.crtvup.com.cn
地　　址：北京市海淀区西四环中路45号　邮编：100039
印　　刷：鸿博昊天科技有限公司
字　　数：110千字
开　　本：635mm×965mm　1/8
印　　张：8
版　　次：2017年5月第1版　2017年5月第1次印刷
ISBN 978-7-304-08556-8

定　　价：79.80元

（如有缺页或倒装，本社负责退换）

作者的话

神秘引发联想，它驱使着孩子们的好奇心和求知欲，所以孩子们对恐龙的喜爱超乎我们的想象。我们是超级恐龙爱好者，为考虑孩子的兴趣，我们发挥想象力，虚构了一个又一个有趣的恐龙冒险故事，和孩子们一起探寻神秘的恐龙世界。

《VR恐龙世界》和其他图书不同，我们运用先进技术还原了恐龙世界。首先我们根据最新、最权威的恐龙资料，制作成三维模型；其次运用先进的技术复原中生代地球环境，这个过程像制作3D电影一样。

这是一套神奇的书，因为我们运用了VR（虚拟现实）技术，它是带你进入神秘恐龙世界的钥匙。当你戴上VR眼镜，即可穿越时空进入恐龙世界，生动、有趣的恐龙故事在你耳边响起，奔跑、嚎叫的恐龙围绕在你身边。现在让我们一同加入它们的冒险队伍，共同感受它们的成长历程，开启奇妙的阅读之旅吧！

张柏赫

主角介绍

冰冰是一只很有想法的食肉小冰脊龙，它觉得每天被别人照顾很无聊，丢下一句"世界那么大，我想去看看"，就独自踏上旅程。没有独自捕过猎，没有周密的旅行计划，没有同行的伙伴……可有很多困难在等着这个天真的小家伙呦！它一路上经历了什么？让我们快来看看吧！

冰冰

VR恐龙世界

冰脊龙

Cryolophosaurus

年　代：侏罗纪早期
含　义：冰雪中长有脊冠的蜥蜴
食　物：肉类
体　型：长约6.5米，高约2.5米
体　重：约500千克

在遥远的大陆南端，生活着一群身体强壮的狩猎者。它们终日成群活动，清晨从睡梦中醒来，一起结队外出寻觅猎物，每当有新鲜的食物，它们总是围在一起分享。成年恐龙带着幼年恐龙，不仅要传授它们捕猎技巧，更要负责保护它们。它们就是生活在侏罗纪时代的肉食性恐龙——冰脊龙。

南极大陆第一龙

1990年，来自比利时的威廉姆·哈默（William Hammer）博士和地质学家戴维德·艾利奥特（David Elliot）在南极考察，戴维德·艾利奥特发现了"冰脊龙"化石。这是第一种被发现于南极洲的肉食性恐龙。它的发现改变了人们对南极洲的印象，原来这片白雪皑皑的冰川大陆也曾是生命的天堂。

一群冰脊龙正围在一起享受美食，一只小冰脊龙看上去有些心不在焉，它不时东张西望，偶尔才吃上一口。妈妈看到它神不守舍的样子，忍不住问道："冰冰，你怎么又不专心吃东西？"

原来，这只小冰脊龙名叫冰冰，它最近总是不专心吃东西。它总觉得自己已经长大了，完全有能力独立捕猎，所以更想去看看外面的世界。

"整天吃你们捕来的食物，简直无聊透了。我已经长大了，我要自己出去走走。"说完，冰冰转身独自走开了。

后 肢

冰脊龙的后肢修长而健壮，爆发力强，因此它可以高速地追逐猎物。

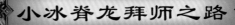

小冰脊龙拜师之路

头 冠

冰脊龙的头冠表面布满褶皱，看着像一把梳子。这薄薄的头冠显得很脆弱，推测其在打斗和捕猎中不具备防御的功能。

前 肢

冰脊龙的前肢较短，长有三个锋利的爪子，用于抓取食物。

VR恐龙世界

"世界那么大,我要去看看!"此刻,冰冰的头脑中想要出去走走的想法越来越强烈,它决定开始一次远行。于是,冰冰去找它最好的朋友可可——一只可爱的小冰河龙,它想问问可可有没有兴趣和自己一起进行这场充满刺激的探险。

小冰脊龙拜师之路

VR恐龙世界

几只冰河龙安静地享受着美味的蕨类食物，其中一只幼年的冰河龙吃得正起劲，它看上去饿坏了——这就是冰冰的好朋友可可。可可显然对冰冰的远行计划没什么兴趣，因为它刚刚拒绝了冰冰。冰冰独自悻悻地离开了，可可的心头也涌上一阵愧疚感：我的拒绝会不会破坏我们之间的友谊呢？

小冰脊龙拜师之路

集体防御者

面对强大的肉食性恐龙的威胁,植食性恐龙必须掌握过人的本领才能在险境中生存。所以,有些植食性恐龙进化出巨大的躯体、结实的鳞甲、锐利的骨刺等无可挑剔的防御武器。不过,也有许多其他恐龙选择团结起来,集体接受挑战。一旦受到攻击,它们会围成一个圈,以数量的优势战胜猎食者。这种防御方式能很有效地对付那些单独行动的肉食性恐龙。

VR恐龙世界

皮亚尼兹基龙

Piatnitzkysaurus

年 代	侏罗纪中期
含 义	皮亚尼兹基的蜥蜴
食 物	肉类
体 型	长约4.3米,高约1.5米
体 重	约270千克

冠饰
皮亚尼兹基龙的冠饰长在眶前孔上方、眼睛前方,就像一对将要展开的小翅膀。

身体
皮亚尼兹基龙的身体强壮,皮肤比较坚硬,脖子粗壮结实。

前肢
皮亚尼兹基龙前肢较短,长有利爪。

后肢
皮亚尼兹基龙的后肢健壮修长,肌肉发达,适于长距离奔跑。

小冰脊龙拜师之路

被好朋友拒绝后,冰冰决定自己去冒险。于是,它独自踏上了旅途。走了很远之后,冰冰的肚子饿得咕咕直叫,它心想:"要是上一顿多吃几口,也许就不会这样了。"这时候,前方出现了一只皮亚尼兹基龙。冰冰虽然从来没见过这种恐龙,但它顾不了那么多了,它实在太饿了,一心想着该如何捕捉这只长相独特的恐龙。

强大的猎食者

皮亚尼兹基龙的体型并不算大,却是其生存环境中强大的猎食者。皮亚尼兹基龙几乎没有天敌,不过,为了猎杀体型较大的蜥脚类恐龙,它们可能会像今天非洲大草原上的鬣狗一样成群活动。

VR恐龙世界

小冰脊龙拜师之路

　　饿昏了头的冰冰鲁莽地冲上前，张口就向皮亚尼兹基龙咬去，但缺乏捕猎经验的冰冰行动犹豫不决，牙齿和爪子配合得很不协调，显得十分笨拙。这只皮亚尼兹基龙确实被这突如其来的袭击吓了一跳，但它灵巧地一转身就躲过了冰冰笨拙的进攻，轻而易举地逃脱了。临走时，它还转头嘲讽道："你这个笨家伙，想捉住我，你还嫩了点儿！"冰冰听了特别生气，想再次冲上去追赶，可惜这只灵巧的皮亚尼兹基龙早已跑得不见踪影了。

狼嘴龙

Lycorhinus

年　代：侏罗纪早期
含　义：狼的鼻端
食　物：杂食
体　型：长约1.2米，高约0.3米
体　重：约10千克

小冰脊龙拜师之路

冰冰捕猎失败,显得有些垂头丧气,拖着饥饿的身子艰难地继续前行。刚走了不远,忽然见几只狼嘴龙从它身边飞奔而过。冰冰向远处眺望,发现一群狼嘴龙正围成一圈低头进食,而刚刚那几只狼嘴龙正急匆匆地向那里跑去。冰冰心想,那里一定是有美味的食物,便打起精神,也向那边跑去。

集体活动的杂食者

对于狼嘴龙到底以什么为食的问题,古生物学家存在着不同的观点。虽然狼嘴龙面颊部位的牙齿非常适合磨碎植物的粗纤维,但它们也可能是杂食动物,因为狼嘴龙前肢锋利弯曲的长爪子或许是捕猎用的。狼嘴龙可能遵循着最简单的进食方式:有什么吃什么。植物的叶子与根茎、昆虫和小动物,都可能是它们的食物。如果太饿了,它们可能还会吃腐肉。

VR恐龙世界

头 部
　　狼嘴龙的头骨较大,存在很多开孔,其中眼眶孔和眶后孔最大,表明它们拥有良好的视觉和听觉。

尾 巴
　　狼嘴龙的尾巴并不像后期大型鸟臀目恐龙那样具有骨化的肌腱,它的尾巴细长且灵活,可以用来保持身体平衡或控制方向。

小冰脊龙拜师之路

然而，冰冰到达目的地后却大失所望，一股尸体腐烂的气味扑鼻而来，这群饥饿的狼嘴龙正围成一圈在吃腐肉。

"这东西怎么吃啊？"冰冰一脸嫌弃地看着正在大口吃腐肉的狼嘴龙。它们根本没理会旁边的冰冰，依然专心地进食。虽然冰冰的肚子饿得不行，可看着地上的腐肉，却始终下不去口，最后还是转身离开了。

VR恐龙世界

饥肠辘辘的冰冰又向北方走了一段路，抬头发现一片树林映入眼帘。"树林中的动物可比平原上多多了！如果运气好，或许能找到美味新鲜的食物呢！"想到这儿，冰冰便加快了速度向前跑。

突然，一群双嵴龙出现在森林的外围，成群结队地向丛林跑去，但队尾一只强壮的双嵴龙似乎很悠闲地走着，完全不在意同伴们急促的步伐。此时的冰冰已经饿得不行了，虽然这只双嵴龙体型要比冰冰大得多，但冰冰已经顾不得那么多，加快速度，径直冲了过去。

小冰脊龙拜师之路

VR恐龙世界

双嵴龙

Dilophosaurus

年　代	侏罗纪早期
含　义	长有一对头冠的蜥蜴
食　物	肉类
体　型	长约6米，高约2.5米
体　重	约500千克

　　面对冰冰来势汹汹的进攻，这只强壮的双嵴龙显然不以为意。它轻松躲过了冰冰的攻击，随即做好战斗准备，冲着冰冰大吼。此刻的冰冰有点后悔了，它可不想自己的肚子还没填饱就沦为双嵴龙的午餐。

北美洲霸王

双嵴龙是侏罗纪早期体型非常大的肉食性恐龙之一。双嵴龙喜欢独自生活，因为单枪匹马的双嵴龙也完全可以轻松地捕捉到猎物。它经常出没于河流湖泊间的高地或树丛间，追捕各种动物。双嵴龙可能是侏罗纪早期生态系统中最残暴、最凶猛的肉食性动物。它们作为自己生存年代中最大的掠夺者，主宰着其他动物的生死。

VR恐龙世界

然而，情况并不像冰冰想得那样糟糕。这只双嵴龙似乎对冰冰没什么兴趣，它的眼睛直直地盯着冰冰身后。原来，另一只双嵴龙已经摆出挑战的架势，随时准备向面前这只双嵴龙发动攻击。这只强壮的双嵴龙显然战斗经验更为丰富，它知道先发制人才更有可能赢。不等对手反应，它猛地扑了过去，前后肢并用，瞬间将对手扑倒在地。

头 冠

双嵴龙的头上长着一对"V"形头冠，这个头冠薄而易碎，专家推测它是双嵴龙用来求偶的工具。

小冰脊龙拜师之路

头 部
　　双嵴龙的头骨很高,嘴里长满像小刀一样锋利的牙齿。牙齿的前后边缘还长有细密的锯齿,是撕咬猎物的利器。

后 肢
　　双嵴龙的后肢粗壮有力,这表明它是一种善于奔跑的恐龙。它的脚掌上长有利爪,用来捕捉猎物。

25

VR恐龙世界

盐都龙

Yandusaurus

年　代：侏罗纪中期
含　义：盐都的蜥蜴
食　物：植物
体　型：长约3.5米，高约1米
体　重：约100千克

冰冰看得目瞪口呆，它决定跟这位强者学习捕猎本领。

"小家伙，你怎么还不快走？"双嵴龙打算放冰冰一马。"您是最强者，我想跟您学习本领！"冰冰回答。双嵴龙看着远方说："这里没有最强者，只有竞争者，想学本领就跟着来吧！"说完，就向远处走去。冰冰跟着它来到一片浅草丛，看到几只正在熟睡的盐都龙。

小冰脊龙拜师之路

活跃的奔跑健将

别看盐都龙体型小巧,它们可都是奔跑健将。它们矫健且灵活,速度惊人,可以轻易甩掉体型巨大的猎食者。在危机四伏的侏罗纪时代,体型较小的盐都龙是最活跃的动物之一。

VR恐龙世界

睡梦中的盐都龙们似乎察觉到了危险的来临，瞬间从熟睡中惊醒，立即逃跑。双嵴龙见状，一声怒吼，几只盐都龙被这突如其来的吼声吓得乱了方寸，双嵴龙顺势一个猛扑，一只落在最后的盐都龙就这样成为了双嵴龙的美食，饿了好几天肚子的冰冰也终于可以饱餐一顿了。

后 肢

盐都龙的后肢比较发达，是典型的两足行走动物，健壮的双腿使得它们十分善于奔跑。

小冰脊龙拜师之路

头 部
盐都龙的头比较小，短而高，嘴巴比较短，长着一对又大又圆的眼睛。

牙 齿
盐都龙的上颌骨略呈三角形，每侧有15颗牙齿，牙齿的边缘有一些小锯齿，表面有平行的纵纹。

VR恐龙世界

灵 龙

Agilisaurus

年 代：	侏罗纪晚期
含 义：	行动敏捷的蜥蜴
食 物：	植物
体 型：	长1.8~2米，高约0.4米
体 重：	约20千克

双崤龙的一声巨吼惊动了整个森林。在森林外围，几只灵龙原本在安静地吃着植物，现在都慌乱地回头朝着吼声传来的方向张望，只见空中有几只翼龙在盘旋。双崤龙强势的捕猎方式，坚定了冰冰要成为一名强者的信念，它暗下决心要好好学本领，有朝一日也要成为丛林的霸主。

双足奔跑的代表

灵龙是一种原始的鸟臀目恐龙。在最近的研究中，古生物学家将灵龙作为真鸟脚类中最为原始的物种。灵龙的名字便有"灵敏"之意，那是因为它们长有健壮而修长的双腿，其胫骨比股骨长很多，这是双足奔跑者的典型特征。

小冰脊龙拜师之路

身 体
　　灵龙的身体和脖子较短,尾巴特别长,占体长的一半多。

后 肢
　　灵龙有健壮修长的后肢,其胫骨比股骨长很多,行动敏捷,十分擅长奔跑。

VR恐龙世界

近鸟龙

Anchiornis

- 年　代：侏罗纪晚期
- 含　义：与鸟类相近
- 食　物：肉类
- 体　型：长约0.34米
- 体　重：约0.11千克

冰冰告别了双嵴龙，独自赶路。忽然，一只近鸟龙从它头上掠过，原来它正在空中捕捉一只蜻蜓。近鸟龙的突然出现吓了冰冰一跳。"喂，你这样很容易吓到别人，"冰冰的语气中充满了骄傲，"但我可不会被你吓到！"。然而近鸟龙并没有理睬它，一个滑翔，消失在森林中。冰冰为没有机会展现自己的能力而感到有点儿伤心，只好继续向前走。

牙齿

近鸟龙的嘴里长满了细小而锋利的牙齿，使它们可以捕捉昆虫或其他小动物。

小冰脊龙拜师之路

带羽毛的精灵

近鸟龙是恐龙家族中耀眼的明星，是侏罗纪中期最美丽的恐龙。与同时期的恐龙相比，近鸟龙的"外衣"不再是粗糙的鳞片，而是华丽的羽毛，并且和今天的鸟类一样，具有复杂的羽毛颜色分布和排列。再加上近鸟龙体形小巧，活泼可爱，看上去就像生活在森林中的精灵。

羽毛

近鸟龙的头顶上长着羽冠，头部、颈部、身体和尾巴前段都覆盖着一层绒羽，四肢上长着具有对称结构的飞羽，并且前肢上的羽毛比后肢上的羽毛要长。

VR恐龙世界

蜀 龙

Shunosaurus

- 年 代：侏罗纪中期
- 含 义：蜀地的蜥蜴
- 食 物：植物
- 体 型：长8～10米，高约4米
- 体 重：约5 000千克

冰冰继续赶路，来到一片茂密的针叶林。几只蜀龙在这里安静地进食，其中一只蜀龙发现了突然出现的冰冰，扭过头看了看，随后又若无其事地享受美食。蜀龙的轻视让冰冰很不开心："我可是要成为最强王者的恐龙，你们竟然敢这样看不起我！"说着，冰冰摆出了进攻的架势，准备发起攻击。

小冰脊龙拜师之路

VR恐龙世界

面对冰冰的举动,蜀龙依然若无其事地吃着。蜀龙的轻视让冰冰更加恼火,它对准蜀龙的脖子,用尽力气冲了过去,想给蜀龙致命的一击。可还没等冰冰碰到蜀龙的身体,蜀龙一个转身,挥起尾巴,将冲过来的冰冰击飞了好远。冰冰从地上爬起,想再次发动进攻,可是身材魁梧的蜀龙正直勾勾地盯着它,它只好转身走开。临走时,冰冰还不忘留下一句:"我迟早会再回来收拾你的!"

小冰脊龙拜师之路

牙齿

蜀龙的牙齿又长又细，可以用来咬断树枝，但不能用于咀嚼。这些牙齿很容易折断，然后新牙会很快长出。

致命的尾锤

蜀龙身体笨重、行动迟缓，可是任何肉食性恐龙都不敢轻视它们。这是因为蜀龙的尾巴上长着一个致命的武器——尾锤。当尾锤被高速甩动时，产生的巨大力量足以击碎袭击者的骨头。或许正是因为有了这个独特的防御器官，蜀龙才可以成为侏罗纪中期最厉害的动物之一。

VR恐龙世界

华阳龙

Huayangosaurus

年 代	侏罗纪中晚期
含 义	来自华阳的蜥蜴
食 物	植物
体 型	长约4.5米，臀高约1米
体 重	1 000～2 000千克

受到打击的冰冰感觉有些口渴，它顺着森林，走到了水边。几口水下肚后，它感到清凉不少，力气也恢复了。忽然，它发现一群华阳龙难耐酷暑正在河里洗凉水澡。冰冰认为机会来了，它悄悄地接近了这群华阳龙，准备来一个突然袭击。

小冰脊龙拜师之路

尖 刺
华阳龙的肩胛骨上长有两根酷似獠牙的巨大尖刺。它们可以保护华阳龙的肩部，也能起到威慑敌人的作用。

骨 刺
华阳龙尾巴上长着4根长达0.4米的骨刺。这是它们强大的防御武器。在面对危险的时候，它们会甩动尾巴，狠狠地砸向敌人。

开启"装甲时代"
华阳龙是目前已知生活年代最早的剑龙类恐龙。它们的背部长有32块钉状的骨板，这些骨板又细又尖，沿着背部中线成对分布。此外，华阳龙的尾部还有长达0.4米的骨刺，这是它最致命的武器。华阳龙是侏罗纪时期进化最成功的恐龙之一，同时也开启了剑龙家族强悍的"装甲时代"。

VR恐龙世界

其实,冰冰的一举一动早就被这群华阳龙看在眼里。身上长满骨刺的华阳龙根本没把冰冰放在眼里,它只是挥动了几下尾巴,尾端的骨刺就在冰冰的身上留下了几道血痕。一道道伤口让冰冰疼痛不已,此时它为自己之前错误的决定感到深深地悔恨,最后仓惶地逃走了。

小冰脊龙拜师之路

VR恐龙世界

遍体鳞伤的冰冰不明白自己为什么总是失败,难道在这些成年恐龙面前,自己显得那么弱不禁风吗?它很失落,很想回家。想着想着,忽然传来几声嘶叫,几只翼龙突然从身后的丛林里飞了出去。"难道是丛林中发生了什么大事?"冰冰满腹疑问,转身向丛林深处走去。

小冰脊龙拜师之路

VR恐龙世界

芦沟龙

Lukousaurus

年　代：三叠纪晚期至侏罗纪早期
含　义：芦沟桥的蜥蜴
食　物：肉类
体　型：长4~5米，高约1.5米
体　重：约300千克

脖子用处大

芦沟龙的脖子比较长，这让它的视线可以保持在比较高的位置。它在森林里游荡时，经常把头抬得高高的，它的头部可以靠着脖子的弯曲伸向各个方向，这使得它能很快发现危险、逃避敌害，还能更容易发现猎物。

小冰脊龙拜师之路

原来，在丛林深处，一只芦沟龙出来觅食了。它沉重的脚步震动了地面，惊得四周的小型恐龙四处逃窜。它张开大嘴继续向前巡视，看样子像是饿极了。突然，它放轻了脚步，缓慢地向前移动。原来，它已经锁定了攻击目标。前方不远处，几只大地龙在悠闲地吃着植物，对即将来临的危险全然不知。

牙 齿
芦沟龙的牙齿的形状略扁且微向后弯，呈匕首状，牙齿的后缘长有细小的锯齿。

前 肢
芦沟龙的前肢很短，但是很灵活，拥有抓握的能力。

VR恐龙世界

大地龙

Tatisaurus

年　代：侏罗纪早期
含　义：来自大地村的蜥蜴
食　物：植物
体　型：长约2米
体　重：约150千克

近些，再近些……芦沟龙找准时机一个猛冲，在一只大地龙的脖子上狠狠地咬了一口，大地龙缓缓地闭上了眼睛。"这简直就是世界上最完美的捕猎！"冰冰完全看呆了，它决定拜这位强者为师。冰冰崇敬地望着芦沟龙说："您一定是恐龙中的最强者，我能跟您学习捕猎技巧吗？""我不是强者，只是生存者。"说完，芦沟龙美美地享用了它的食物，然后心满意足地继续前行。

小冰脊龙拜师之路

剑龙的祖先

目前挖掘出来的大地龙化石标本比较稀少,所以关于大地龙的描述大多来自研究人员的推断。1990年,古生物学家董枝明对大地龙化石标本进行重新检验,他惊喜地发现大地龙与华阳龙有相似之处——它的牙齿和前齿骨与后来的剑龙类表现出的特征相似。于是,董枝明将大地龙分类于剑龙下目的华阳龙科下,认为它是一种相当原始的剑龙类恐龙。

VR恐龙世界

冰冰显然很不甘心，它一直跟在芦沟龙身后，来到了丛林最北端。突然，一只庞然大物出现在它们的面前，原来这里是天府峨眉龙的领地。冰冰从来没见过体型如此巨大的恐龙，它想这下可要大饱眼福了，它一定要好好看看这只芦沟龙是怎么捕食巨大的天府峨眉龙的。

然而，冰冰并没有如愿以偿——面对体型巨大的天府峨眉龙，这只芦沟龙也失去了原有的霸气，被天府峨眉龙吼了几声，就悻悻地离开了。

VR恐龙世界

天府峨眉龙

Omeisaurus tianfuensis

年　代：侏罗纪晚期
含　义：四川峨眉山的蜥蜴
食　物：植物
体　型：长超过20米，高约7米
体　重：超过20 000千克

看着芦沟龙离开的背影，冰冰觉得自己终于找到了最强的霸主。冰冰来到天府峨眉龙群中间说："各位前辈好！请问我能跟各位学习捕猎技巧吗？"面对冰冰的请求，天府峨眉龙们似乎没什么兴趣，几只天府峨眉龙瞧也没瞧冰冰，只是专心地吃着树叶。一只天府峨眉龙慈祥地对冰冰说："小家伙，看你的牙齿就知道你是一只肉食性恐龙，但我们只吃植物，所以没办法教你呀！"

头部

天府峨眉龙的头部较小，脑袋的长度是高度的两倍。鼻孔位于头前部，长着一双大眼睛。

脖子

天府峨眉龙脖子的长度十分惊人，可以达到10米，相当于3层楼那么高。最新研究指出，峨眉龙脖子的形态介于高高抬起的天鹅颈和平直颈之间。

小冰脊龙拜师之路

VR恐龙世界

中国龙

Sinosaurus

年　代：侏罗纪早期
含　义：中国的蜥蜴
食　物：肉类
体　型：长约6米，高约2.5米
体　重：约500千克

正当冰冰疑惑不已之际，丛林深处传来一声巨吼，仿佛是来自地狱的召唤。如此恐怖的吼叫让天府峨眉龙也停止了进食，伸长脖子向丛林看去。虽然吼叫声让冰冰也觉得不寒而栗，但它仍然抑制不住自己的好奇心，警惕地向丛林深处望去。到底是谁发出如此具有威慑力的吼叫？原来是中国龙。

后　肢

中国龙的后肢强壮有力，善于奔跑，可以轻松地追上逃跑的猎物。脚掌上的利爪，用于攻击猎物。

小冰脊龙拜师之路

头冠
中国龙的头上长着一对大而薄的头冠。这对头冠可能用于吸引异性，头冠大的雄性中国龙还可能占有较大的地盘。

牙齿
中国龙的牙齿长而尖，形状像锋利的刀，上面带有锯齿，可以轻松撕开猎物的皮肉，然后将大块肉吞入腹中。

顶级猎食者——中国龙

在侏罗纪早期的中国云南，一种体型巨大的肉食性恐龙占据着食物链顶端的位置，它就是中国龙。强壮的身体和后肢让它可以飞速奔跑，追捕猎物；尖利的爪子是它惯用的攻击武器，在追捕时颇具杀伤力；弯刀般的牙齿和巨大的咬合力使它可以轻易刺穿猎物的脖子，一击致命——这就是中国龙成为这一时期最出色、最恐怖的捕食者的原因。

VR恐龙世界

禄丰龙

Lufengosaurus

年　代：侏罗纪早期至中期
含　义：来自禄丰的蜥蜴
食　物：植物
体　型：长5~7米，高约2.3米
体　重：约1 500千克

在丛林深处，中国龙正奔跑着追捕一只逃窜的禄丰龙。然而禄丰龙的体型也很大，它不停地挥动尾巴和前肢，将中国龙甩开。可凶残的中国龙怎么会如此轻易地放过它呢！中国龙在被甩开的瞬间，锋利的爪子已经刺入了禄丰龙最柔软的腹部。

尾巴

禄丰龙长着一条长长的尾巴，可以平衡身体前部的重量，以帮助头部和脖颈抬起。

小冰脊龙拜师之路

头 部

禄丰龙的头较小，略呈四方形。它的脖子较长，方便取食；嘴里长着细小的牙齿，用来咀嚼植物。

VR恐龙世界

冰冰有幸见证了这场厮杀最精彩的部分。此时,其他的禄丰龙依然逃窜着,它们看到同伴被中国龙踩在脚底下,有心营救却无能为力。随后中国龙又发出一声嘶吼,张开血盆大口以示自己绝对的统治者地位。其他的禄丰龙被吓得四处逃散,赶来看热闹的冰冰也识相地迅速跑开了。

小冰脊龙拜师之路

中华第一龙

禄丰龙身体强壮,是侏罗纪早期云南地区体型最大的恐龙之一。同时,禄丰龙也是中国古生物学家第一次独立发掘、命名的恐龙,在当时引起了不小的轰动,因此禄丰龙也被誉为"中华第一龙"。

VR恐龙世界

川街龙

Chuanjiesaurus

年　代：侏罗纪中期
含　义：来自川街地区的蜥蜴
食　物：植物
体　型：长约27米，高约6米
体　重：约25 000千克

到底谁才是这片大陆上的绝对霸主呢？冰冰带着疑问继续赶路。在一片生长着针叶树木的平原上，几只川街龙伸长了脖子在享受树木最顶端的美食。

冰冰从树林中走出来，发现周围有很多粗粗的褐色"树干"，但是冰冰总觉得这些"树干"看起来和其他的树木不一样。冰冰凑近了仔细看，那些"树干"的下部似乎还长着脚！冰冰越发疑惑了……

中国最大的恐龙

在侏罗纪中期，蜥脚类恐龙的身体变得更加巨大，其中以川街龙最为著名。它的体长超过27米，体重竟达25 000千克，是当时亚洲地区最大的恐龙之一。

小冰脊龙拜师之路

头 部

与其他蜥脚类恐龙相比,川街龙的脑袋较大,一双大眼睛位于头部顶端,使它们可以看到很远的地方。

脖 子

川街龙的脖子非常粗壮,长度可以达到十几米,这几乎占去它整个身体长度的一半。

VR恐龙世界

忽然，冰冰感觉身边的树木似乎动了一下，紧接着又动了一下。"天哪！"冰冰不禁惊讶地喊出了声。这哪里是什么树木，分明是一条川街龙的腿。冰冰抬起头，发现一双眼睛正好奇地盯着冰冰看："你好！小家伙，你是从哪里来的？"面对川街龙的发问，冰冰一时之间不知该如何回答，因为它完全被眼前川街龙巨大的体型惊呆了。

小冰脊龙拜师之路

红色怪石

川街龙的发现源于一块红色的怪石。1995年，居住在云南省禄丰县的农民罗家友在干农活的时候，从土地里刨出了一块红色的石头。由于好奇，罗家友把这块石头送到了考古所。经过研究人员鉴定，这块红色石头是恐龙化石。1997年，考古工作人员来到禄丰县，展开了大规模的挖掘工作。至此，中国迄今为止发掘出土的最大的恐龙化石——川街龙化石，被揭开了神秘的面纱。

VR恐龙世界

在经历了如此多的惊险和刺激之后,冰冰终于明白:世界之大,根本没有绝对的霸主。现在,冰冰有一些想家了,它思念家人,思念最好的朋友——可可。就这样,冰冰告别了川街龙,踏上了回家之路。

恐龙的黄金时代

侏罗纪时期是恐龙发展壮大的黄金时期，无论是植食性恐龙还是肉食性恐龙，在体型上都有了巨大的飞跃。在侏罗纪中期，最大的蜥脚类恐龙的体重已经高达25 000千克，这样的重量是一头成年非洲大象的4倍。

恐龙的骨架

我们在一些展览馆或以恐龙为主题的公园里，经常会看到恐龙的骨架。这些骨架一般都不是用真正的恐龙化石搭建起来的，而是用玻璃纤维制成的。

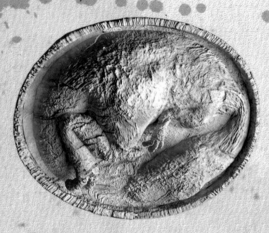

恐龙胚胎化石

恐龙化石的种类

说起"恐龙化石"，大家都会自然而然地联想到恐龙的骨骼化石。其实恐龙化石包括很多种，如骨骼化石、脚印化石、恐龙蛋化石、胚胎化石、粪便化石、遗迹化石、木乃伊化石等。

恐龙足迹化石

恐龙的足迹化石也是研究恐龙的一种重要的化石资料。目前已发现的最大的恐龙足迹化石发现于我国甘肃省刘家峡，该足迹化石达1.5米长、1.2米宽呢！

恐龙公墓

人们会在同一地点发现大量恐龙化石，这样的地方被称为"恐龙公墓"。这些恐龙可能是因某种灾害同时死亡，也可能在不同的时间、地点死亡，被流水等力量带到了同一地点。

恐龙都很高大吗？

恐龙在很多人的想象中都是必须仰视的庞然大物，其实体型巨大的恐龙只是恐龙世界的一部分。有些恐龙的体型非常小，比如耀龙，身长只有0.25米，体重也只有0.16千克左右。

保存完好的化石

有些恐龙化石保存得十分完好，有些化石甚至保留有恐龙羽毛的痕迹。如右图就是著名的始祖鸟化石，通过图片我们可以看到，它的羽毛痕迹清晰可见。

恐龙蛋化石

恐龙蛋化石目前在全世界范围内发现的数量并不是很多，它们也是研究恐龙的一种特别重要的化石资料。有的专家认为，对恐龙蛋化石的研究甚至能揭示恐龙灭绝的真正原因。

环境3D复原工程

你好,本书中的所有场景都是利用三维技术制作的,因为很多植物已经灭绝,我们应该保护我们生存的环境——地球。这张秘图会告诉你我们还原恐龙生存环境的过程。

① 大气环境 Atmosphere

模拟生存空间和光照,建立远处景物,搭建恐龙生存的大环境。

② 远景地面 Ground

添加草地与河水,调试环境。

③ 装饰地面 Decorate

制作了上百款石头作为装饰。

④ 低矮植物 Botany

用三维技术还原了很多已经灭绝的植物,根据古生物资料创建植物库是一项浩大的工程。